VOYAGE

A ROYAN, LA TREMBLADE, MARENNES
L'ILE D'OLERON, BROUAGE

10942

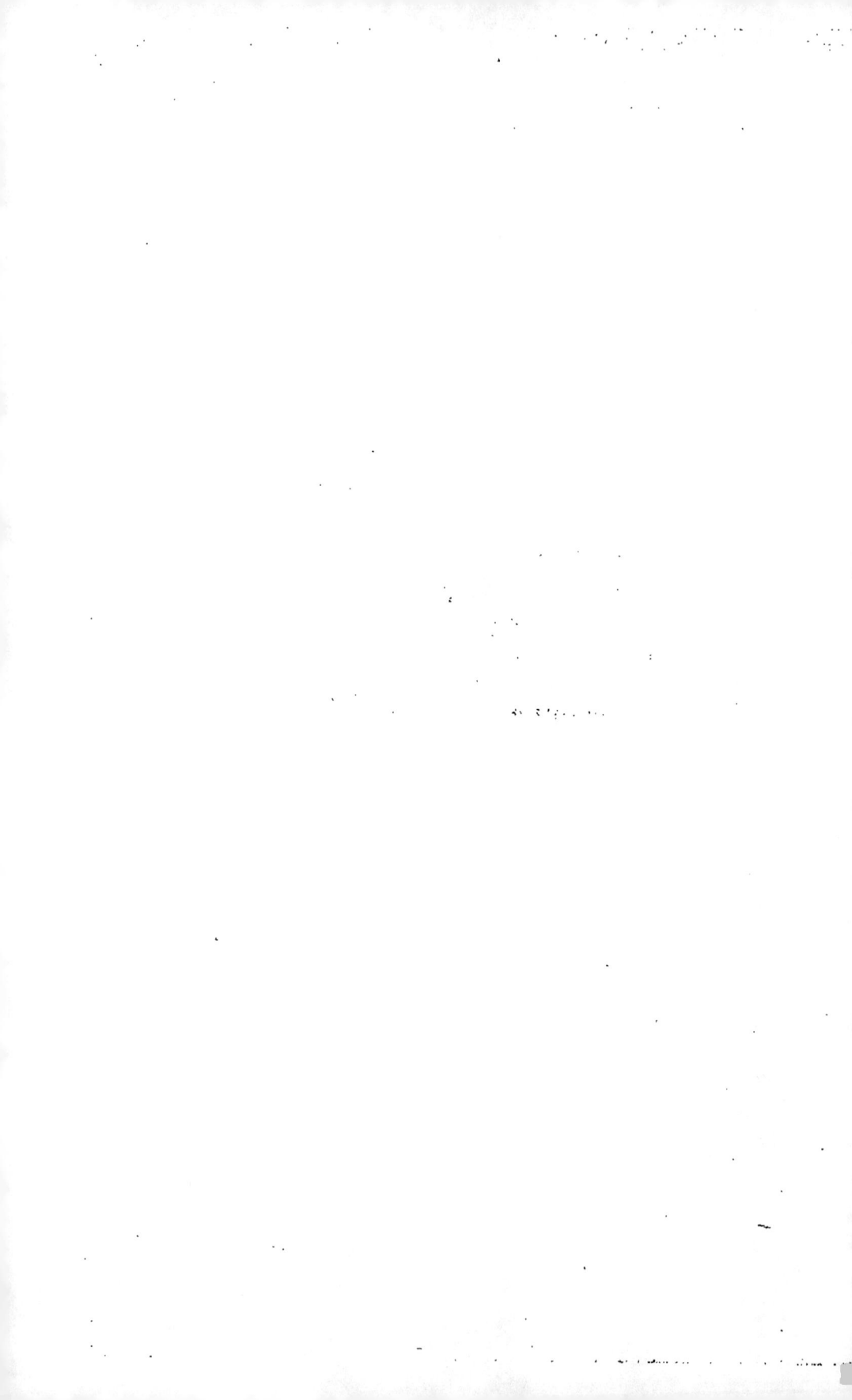

V. VALLEIN

VOYAGE

A ROYAN, LA TREMBLADE, MARENNES
L'ÎLE D'OLERON, BROUAGE

(Publié par l'Indépendant de la Charente-Inférieure.)

SAINTES

IMPRIMERIE DE Z. LACROIX, RUE DE LA COMÉDIE

1863

VOYAGE

A ROYAN, LA TREMBLADE, MARENNES
L'ILE D'OLERON, BROUAGE

A MONSIEUR LE DOCTEUR B***,

A LA TREMBLADE

MON CHER MONSIEUR,

Je vous ai promis de rendre compte, dans l'*Indépendant*, de mon excursion à La Tremblade et sur les côtes voisines. Ceci ne peut avoir aucun intérêt pour vous ni pour les habitans de la Charente-Inférieure, auxquels je n'ai rien à apprendre sur les bains de Royan et de La Tremblade, ou sur les villes et les campagnes de Marennes et de l'île d'Oleron.

Toutefois, si ce récit peut vous aider dans l'œuvre que vous avez entreprise pour faire connaître La Tremblade au monde des baigneurs, s'il peut surtout intéresser assez les habitans des autres départemens pour leur inspirer le désir de venir visiter les lieux que j'ai parcourus, je n'aurai pas tout à fait perdu mon temps et ma peine.

A vous la partie scientifique et médicale que nul n'est plus capable de traiter et de mettre à la portée de tous; à moi les impressions fugitives, les récits sans prétention, mais véridiques et consciencieux, de l'amateur et du touriste.

Sans autre préambule, je commence en transcrivant simplement mes notes de voyage.

Royan, dimanche 2 août 1863.

Je trouve Royan animé, bruyant, comme toujours. Y a-t-il autant de monde que les années précédentes? Les uns disent oui, les autres non. La municipalité le saurait si elle tenait des listes exactes des arrivans. Mais combien qui ne sont pas inscrits! Il me semble qu'il y a moins d'équipages, de personnages riches, de grandes toilettes. Cela s'explique peut-être par la foule qui encombre Arcachon. Le chemin de fer de Bordeaux et les réclames de M. Pereire précipitent dans ce bassin un torrent de curieux qui se renouvelle sans cesse, car on n'y reste pas longtemps en général; c'est un va-et-vient continuel entre Bordeaux et La Teste. La belle forêt, le parc, le parc réservé, les allées sablées, les chalets, le nouvel établissement, justifient la curiosité publique. Cet engouement peut faire perdre momentanément un assez bon nombre de baigneurs à Royan; mais je crois qu'il se calmera et que les Bordelais reviendront comme par le passé dans la petite ville où affluent toujours les habitans des deux Charentes, de la Vienne, de la Dordogne, de la Vendée, des Deux-Sèvres, etc.

Il m'a semblé qu'on a poussé un peu loin, à Royan, la manie de la réglementation. Autrefois les hommes avaient des plages à eux où ils se baignaient en toute liberté de costume; aujourd'hui il y a partout des cabanes, des surveillans et des vêtemens de laine assez incommodes pour les nageurs: A Foncillon, on lit sur un poteau: *Bain des dames; défense aux hommes d'y paraître et de stationner aux abords.* Autrefois, les hommes passaient sur la plage pour aller au Chai ou à Pontaillac par les rochers, c'était une promenade qui plaisait à plus d'un. Les dames ne s'en scandalisaient point, car elles étaient vêtues des pieds à la tête, et j'ai remarqué que, depuis la défense aux hommes *d'y paraître*, il s'y baigne beaucoup moins de femmes. Elles vont à Pontaillac, où hommes et femmes se baignent pêle-mêle en costume de laine, comme dans la grande conche.

Celle du Chai, où les hommes seuls allaient, a maintenant ses cabines et ses vêtemens de laine pour les deux sexes.

Pontaillac a toujours la vogue. La route qui passe derrière le Casino ne suffisait plus à la circulation des voitures ; on en a construit une autre pour le retour, entre la première et la mer. Les cabanes sont innombrables à Pontaillac. Les chalets ont pullulé. Derrière, dans les dunes plantées de pins, on a établi des montagnes russes, des gymnases, des escarpolettes, des jeux de toutes sortes. Il y a un bassin avec des joutes nautiques. Je ne sais si l'entrepreneur fait ses frais, mais je n'y ai jamais vu beaucoup de monde. Le jardin du Casino est encore le lieu le plus agréable de Royan. Tous les soirs la foule remplit ses jolies allées et les salles de l'établissement. Mais, ce qui me surprend, c'est qu'on ne danse plus, ou si peu, si peu, que ce n'est pas la peine d'en parler. L'excellent orchestre de Marx joue vainement ses quadrilles, ses valses, ses polkas, ses scotischs ou ses mazurques les plus entraînans, les dames et les demoiselles, pressées sur les gradins à rangs épais, se regardent entre elles, et la soirée se passe ainsi. Quelquefois, vers onze heures, deux ou quatre couples se risquent ; on les suit des yeux, mais on ne les imite pas. Voilà comme on s'amuse aux bals du Casino (1). En revanche, la salle de jeu est pleine d'hommes, depuis dix-huit ans jusqu'à quatre-vingts, qui, penchés avidement sur les tables, suivent avec anxiété les évolutions de la partie d'écarté. Les Calzado et les Garcia n'y manquent pas, dit-on. Autrefois, il y avait moins de monde, les salons étaient plus modestes, mais on dansait depuis neuf heures jusqu'à minuit. Est-ce un progrès ?

---

(1) C'est du moins ce que j'ai vu les 2 et 3 août.

Saint-Georges, lundi 3 août.

Petite colonie de baigneurs qui veulent s'isoler
du monde et vivre en famille; bois charmant,
plein d'ombre et de silence, où quelques dames
passent la journée assises sur la pelouse. On a
construit récemment, à Saint-Georges, quatre ou
cinq chalets dont deux appartiennent à des Sain-
tais; ils sont charmans. L'un s'abrite derrière le
bois, l'autre a la Gironde à ses pieds. Ce sont de
véritables maisons avec salons, chambres à coucher, meubles de luxe, servitudes, écuries et re-
mise. Le confortable et l'agréable s'y trouvent
réunis.

La Tremblade, mardi 4 août.

Nous quittons Royan à une heure du tantôt. Nous sommes dix dans une voiture à six places, un breck supplémentaire reçoit sept autres personnes. Rarement on a vu tant de monde se diriger le même jour sur La Tremblade.

Au Breuillet, magnifique propriété appartenant à la famille de Lescure. Ce ne sont, pendant deux ou trois kilomètres, que prairies et grands ormeaux d'une végétation qu'on ne s'attend pas à trouver si près de la mer.

Etaules, qu'on traverse ensuite, est un joli bourg, propre et blanc comme la neige. Les femmes ont une réputation de beauté et elles la justifient. Elles sont presque toutes écaillères ou marchandes d'huîtres comme les Trembladaises, et, comme elles, elles émigrent tous les ans pour Bordeaux, Toulouse, Marseille et même l'Algérie, où elles vont porter les mollusques si aimés des gourmets.

Ces voyages leur donnent une assurance, un maintien, un air de tête et des yeux qui ne sont pas ordinaires dans nos campagnes. On dit que leurs mœurs s'en ressentent. Elles aiment le plaisir à la folie. Ce sont, à Etaules, à Arvert, à La Tremblade, des danses perpétuelles. Bals tous les dimanches, sans compter les extras et les danses dans les maisons particulières.

Arrivée à La Tremblade à trois heures et demie. Pavé détestable, en cailloux de toutes grandeurs et de toutes dimensions. Maisons toutes blanchies au lait de chaux, comme à Etaules. La Tremblade est plus grande que Royan, Saujon, et tous nos chefs-lieux de canton. C'est une vraie ville. Elle a plus de trois mille habitans. Sauf son pavé, elle est propre, coquette et riante. Les liserons de toutes nuances, les volubilis, les lierres, les giroflées, les belles de nuit et de jour, grimpent joyeusement le long des façades ou fleurissent les pavés au pied des murailles. C'est un enjolivement gracieux que nous voudrions voir adopter par d'autres villes.

A La Tremblade, à Etaules, à Arvert, à Saint-Augustin, le peuple a un accent particulier qu'on ne retrouve sur aucun autre point de la Saintonge. On dit du *paigne*, le *mataigne*, pour du pain, le matin. Ils sont du reste très affables et très polis.

La Tremblade communique avec la mer par un canal de trois kilomètres de longueur qui part de l'embouchure de la Seudre. J'y ai vu la *Mouche*, de Bordeaux, qui arrivait des régates de La Rochelle et avait remonté le chenal jusqu'à La Tremblade.

Les bains sont à cinq kilomètres de la ville. On s'y rend par un chemin macadamisé qui serpente au milieu des marais salans et des dunes. Une dizaine de brecks sont affectés à ce service ; le prix est de 25 centimes par personne. Outre les marais salans, on trouve sur le chemin des pins et des vignes, des vignes jusque dans les dunes de sable pur, au bord de la mer ! Je reviendrai sur ces vignes plus tard. Il y a deux chalets publics et trois ou quatre autres appartenant à des particuliers. Le grand chalet où descendent les brecks a une salle de billard et plusieurs appartemens. On y mange fort bien, à très bon marché, soit dans un salon, soit sur une terrasse qui regarde la mer, soit sous une tente au pied de la terrasse. Il y a sur la plage quarante cabanes en tout, où l'on trouve des costumes. Dans les hautes marées de nouvelle et pleine lune il y a assez d'eau. Dans les autres momens, on peut faire un kilomètre dans la mer sans avoir de l'eau jusqu'à la ceinture. Rien de mieux pour les enfans qui sont là en toute sécurité ; mais les nageurs sont obligés d'aller fort loin pour perdre pied. Le sable n'est pas jaune et brillant comme à Royan, il est gris, un peu boueux parfois, mais très doux et sans le moindre galet.

La vue de la plage est magnifique. On a à gauche les vagues de Maumusson, qui brisent sans cesse et moutonnent à l'horizon ; à droite, l'embouchure de la Seudre qui est large comme la Gironde ; en face, l'île d'Oleron, Saint-Trojan, la citadelle du Château, le fort du Chapus, la pointe du Chapus ; c'est un beau panorama.

Les bains de La Tremblade auront sans doute leur jour, mais il n'est pas encore arrivé. Il n'y a guère plus d'une quarantaine de baigneurs par jour sur la plage, et c'est Royan qui les fournit presque tous. On vient voir en curieux, et l'on repart le même jour ou le lendemain.

Toute cette plage de La Tremblade est remplie de *viviers* où l'on dépose les huîtres achetées en Angleterre, en Normandie et ailleurs. On appelle *vivier* un emplacement au fond de la mer entouré d'un rang de petits moellons qu'on décore du nom de murs. Ce sont des murs qui paraissent à peine au-dessus de la vase à mer basse. Tous les viviers sont côte à côte, séparés par un rang de moellons enfoncés dans la vase : il y en a des milliers sur les côtes de La Tremblade, de Marennes et de l'île d'Oleron. Lorsque les huîtres y ont passé quelque temps, on les transporte dans les *claires*, petits réservoirs d'eau qui se trouvent parmi les marais salans. Elles s'y nettoient, et, de blanches qu'elles étaient, elles deviennent vertes. Tous les Trembladais sont marchands d'huîtres et ont des marais salans. Ces marais entourent la ville de toutes parts, à perte de vue, et leurs cubes de sel ressemblent de loin aux tentes blanches d'un camp qui occuperait toute une province. Rien de singulier comme ce spectacle pour l'habitant du centre de la France. Ces nappes d'eau salée, ces *tables*, comme on les appelle, ces casiers qui miroitent au soleil, ces *bosses* où l'on cultive du blé et autres céréales, ces sentiers sinueux où l'on se perd, les énormes amas de sel de trois et quatre ans, couverts de chaume pour les préserver de la pluie, les tas de l'année tout blancs, l'odeur de violette qui s'en exhale, les héliotropes de mer et les fleurs marines qui bordent tous les sentiers, les sauniers qui tirent le sel avec leur râteau, les femmes en pantalon et les pieds nus, tout cela intéresse vivement ceux qui n'y sont pas habitués. Les baigneurs qui passent en breck pour aller à la plage font arrêter la voiture et courent dans les marais où ils s'informent de tout. Les sauniers, hommes et femmes, sont très polis et répondent avec empressement à toutes les questions qu'on leur adresse. Toute cette population est bien supérieure aux cultivateurs qui habitent loin de la mer.

Il y a marché tous les jours à La Tremblade. On y trouve de la viande de boucherie, sauf celle du bœuf, qui est inconnue, du poisson, des fruits en quantité et meilleurs qu'on ne s'y attendrait.

La Tremblade, mercredi, 5 août.

Je rencontre sur la plage M. Dières-Monplaisir et son fils qui disposent leur canot pour aller demain à Saint-Trojan, dans l'île d'Oleron. Je suis de la partie. *Coquette* est une légère embarcation à quatre avirons, qui a pour toutes voiles une grande misaine, grande pour sa taille. La traversée est de 5 à 6 kilomètres, nous la faisons en une demi-heure avec une brise faible. Saint-Trojan a aussi ses bains et une jolie plage ; il y a cinq ou six cabanes pour les femmes, et deux pour les hommes. Le bourg est pittoresquement situé, au pied d'un coteau couvert de pins. Toutes les maisons sont propres et blanches, comme à Etaules et à La Tremblade. M. Dières a là un pied-à-terre, une petite maison qu'il a louée et où il descend lorsqu'il vient voir ses propriétés de l'île. Nous y voyons venir le curé de Saint-Trojan, un ancien condisciple de Saint-Jean-d'Angély. Nous allons faire une visite avec lui à la petite communauté des Sœurs de la Sagesse. Ayant appris que la précédente supérieure était ma cousine germaine, la supérieure me fait cadeau d'une image représentant sainte Eulalie, au dos de laquelle est une prière écrite à la main. Ma cousine s'appelait Eulalie Mareschal. Ces dignes Sœurs ont à Saint-Trojan une petite école de filles, et la supérieure soigne les malades du bourg. Elles passent leur vie à faire le bien et à prier.

Après un simple mais excellent déjeuner chez M. Dières, nous partons à pied, M. Dières, son fils et moi, pour aller voir sa propriété. On traverse des forêts de pins qui n'en finissent pas, dans des sables où le pied enfonce, surtout dans les sentiers un peu frayés. Nous arrivons après une heure de marche. M. Dières n'a pas de maison en ce lieu, mais seulement des bâtimens d'exploitation, des chais, des hangars, une brûlerie. J'ai vu dans un chais quatre beaux foudres de 120 hectolitres environ, faits par M. Seguin, de Saintes.

2

Il y a, dans la brûlerie, un appareil à distiller le vin, tout en cuivre et monté sur quatre roues, afin de le transporter dans les autres vignobles que M. Dières possède dans l'île et à La Ronce, près La Tremblade. Les chais sont entourés de vignes plantées dans des sables purs apportés autrefois par le vent de la mer, avant que les dunes aient été fixées par les plantations de pins maritimes. Il y en a de tous les âges. J'en ai vu d'un an, assez bien prises, de trois et quatre ans, déjà chargées de raisins. J'en ai vu une de soixante ans, fort belle aussi. Il n'y a pas de mauvais cépages, tous les ceps sont productifs. Les vignes sont cultivées à bras, avec une *essée* large à peu près comme les nôtres. Elles sont toujours à mottes. La souche, qui est taillée dans la terre, comme à La Rochelle, et qu'on aperçoit à peine, est dans la cavité des mottes. On n'*abat* pas, on ne chausse pas le cep, on ne fait que changer les mottes de place en bêchant. Rien de plus facile à cultiver; on y bêche *comme dans du sable*, c'est le cas de le dire.

M. Dières a une dizaine d'hectares dont une partie seulement est en charge. Il compte sur deux cents barriques de vin, et l'abondance des grappes permet de croire qu'il ne se trompe guère. Malgré l'excessive chaleur, je n'ai pas vu un seul grain brûlé. Ils sont très gros et ne tarderont pas à *vérer*. M. Dières a un *treuil*, un fouloir et des pressoirs à vis en fer, à peu près comme aux environs de Saintes. Ses *ficelles* sont carrées. S'il connaissait les rondes, il les changerait bien vite.

Le jeune Dières me propose une excursion à la côte sauvage. Il y a pour une heure de marche, dans les sables et les bois de pins. Nous partons tous les deux à une heure, par une chaleur torride ; nous ne faisons que monter et descendre au milieu des dunes. Enfin, après avoir escaladé un formidable rempart de hautes dunes entièrement dénudées et où le sable vole au moindre souffle du vent, nous apercevons la mer qui, par un temps parfaitement calme, roule et brise ses interminables franges d'écume. Il semble qu'elle est tout près, mais il faut encore descendre et marcher un quart d'heure avant d'y arriver. Là, le sable est uni comme une glace, car il est recouvert, remué et aplani à chaque marée. C'est l'immensité du désert et de la solitude. Resserrée entre la côte de La Tremblade et l'île d'Oleron, agitée sans cesse par des courans en sens contraire, la mer bouillonne, s'élève en vagues écumeuses, creuse les sables qu'elle bouleverse et mêle avec ses eaux. Partout ailleurs elle est parfaitement calme. Ici elle semble folle et agitée par des agens mystérieux. Le terrible Maumusson gronde à quelque distance, et toujours la vague immense déferle avec ce bruit sublime que nous entendons le soir dans les campagnes de Saintes.

On ne peut détacher ses regards de ce spectacle enivrant. C'est quelque chose d'inouï, de prodigieux, d'inénarrable ! On resterait là des heures entières à contempler cet Océan à *la crinière hérissée*, comme dit lord Byron. Aussi loin que la vue peut s'étendre, on ne voit que la mer et le sable. Pas une habitation, pas un être vivant, pas un brin d'herbe sur le rivage. Et, quand on vient à penser que des milliers de vaisseaux sont venus se perdre dans ces passes perfides, qu'un navire échoué la veille était disparu le lendemain, englouti dans les sables, ou qu'on apercevait à peine la pointe de ses huniers ; quand on se représente les malheureux marins jetés à la côte au milieu de la nuit, parvenant à gagner le rivage et se trouvant dans ce désert de sable sans savoir où se diriger, un monde de pensées tristes, amères, s'élève en vous. Là, depuis que les hommes naviguent sur l'Océan, sont venus s'enfouir des richesses incalculables, des débris de toutes sortes ; là ont péri ou ont été jetés à la côte des milliers d'hommes et de femmes ! Les sables les recouvrent et les recouvriront toujours (1).

— Mais, disais-je, pourquoi, puisque ces rivages sont si dangereux, les navires ne les évitent-ils pas ?

_____

(1) Je parle, bien entendu, de la côte sauvage en général, y compris celles de La Tremblade, de Royan et d'Arvert.

— Ils n'y viennent pas de plein gré, me répondit-on; mais, chassés en mer par la tempête, ils se trouvent pris par des courans et entraînés sans s'en douter vers la rive. Quand ils l'aperçoivent, il est trop tard, il n'est plus possible de s'éloigner; ils sont poussés fatalement à la côte; chaque vague, en soulevant des montagnes de sable, les étreint, les enfonce, les engloutit ou les brise.

J'ai trouvé sur la côte une fiole provenant probablement d'un navire anglais. Elle était bien bouchée. On lisait sur le verre : *Milk grim Wades patent*. Lait de Grim Wades, patenté. Le lait se fabrique en Angleterre comme les esprits. C'était une épave, je n'avais pas le droit de m'en emparer, à ce que j'ai appris depuis. Je la tiens donc à la disposition de M. le syndic de la marine. Mon compagnon trouva en même temps un crayon anglais tout taillé.

Enfin, il fallut partir et regagner Saint-Trojan. Ce bourg a un petit port, une digue et une écluse de chasse. Il semble séparé du monde habité, car on n'y vient que par eau des autres parties de l'île; il n'a pas encore de routes empierrées; ses chemins ne sont que du sable.

A Saint-Trojan, comme à La Tremblade, il faut, pour embarquer, se déchausser et faire un assez long trajet dans la mer, n'ayant de l'eau qu'à mi-jambes. M. Dières embarque un quartaut d'un hectolitre qu'il veut conduire à La Tremblade. Il contient de la vinasse (décharge de chaudière) dans laquelle il a mis deux kilogrammes et demi de cassonnade par barrique. C'est une boisson qui n'est pas mauvaise; elle a le goût d'hydromel. Avis aux propriétaires distillateurs ! La charrette portant le quartaut s'avance dans la mer jusqu'au canot, qui est à l'ancre; le cheval, habitué sans doute à cette corvée, est aussi tranquille que s'il était dans les sables de Saint-Trojan. Nous mettons à la voile, le cap sur l'embouchure de la Seudre, et nous arrivons à La Tremblade par le canal de l'Atelier. J'ai bien souvent parlé, dans l'*Indépendant*, de ce canal et de ses cales en pierres que les habitans voudraient voir remplacer par un mur de quai. Je ne les connaissais pas alors.

Vendredi, 7 août.

Excursion à La Ronce, autre propriété de M. Dières aux environs de La Tremblade. Je me mets en route avec M. C..., syndic de la marine, pour rejoindre les dames parties avant nous. Nous nous égarons au milieu des bois de pins, où les sentiers dans le sable forment un dédale inextricable. Nous errons pendant une heure sans pouvoir trouver notre route. Cependant nous savons que M. Dières a jalonné le chemin de signes de ralliement, de petits papiers attachés aux branches d'arbres.

Enfin, après bien des allées et venues, nous découvrons un de ces papiers, puis un autre où est écrit : *Vous y êtes ;* un troisième où nous lisons : *Courage !* d'autres, plus loin, qui nous disent : *Prenez à gauche, tournez en face,* etc. Ainsi guidés, nous arrivons à la ferme, aussi perdue dans les bois, aussi éloignée de toute habitation, que les chais de Saint-Trojan. Nous retrouvons là M. Dières, les dames C..., les demoiselles de R..., nouvellement arrivées de Paris, etc.

La Ronce est une propriété récemment acquise par M. Dières ; les sables y sont plus mélangés, plus noirs, plus riches, qu'à Saint-Trojan. M. Dières y cultive le blé, la pomme de terre, les haricots, la betterave, la vigne. Il m'a montré une plantation de cotonniers annuels qui est fort belle pour la latitude où elle se trouve. J'ai vu un blé anglais dont les tiges, grosses comme des tuyaux de plumes d'oie, ont sept pieds de haut et portent des épis magnifiques. Un litre de ce blé en a produit deux cents, c'est un beau rendement.

Il y a à La Ronce une porcherie contenant onze loges pleines d'animaux de races diverses, nés sur la ferme, de jeunes veaux, quatre vaches laitières, servant aux travaux et aux charrois. M. Dières est allé chercher à Béthune (Pas-de-Calais) une fa-

mille de cultivateurs, le père, la mère, quatre filles, et qu'il a chargée de diriger et de cultiver sa
propriété. Les filles ont reçu l'éducation qu'on donne dans le nord de la France à tous les cultivateurs :
elles lisent, elles font de la musique, elles s'habil-
lent et parlent comme des dames bien élevées, et
cependant elles travaillent à la terre et sont de très
habiles et très intelligentes ménagères. On ne re-
vient pas de leur langage, de leur bonne tenue, de
leur réserve et de leur politesse. Nous n'avons rien
d'analogue dans nos pays de l'Ouest et du Midi.
On les appelle, à La Tremblade, les *demoiselles de
La Ronce*. Le père voyage une partie de l'année et
place les produits des nombreuses propriétés que
possède M. Dières, à La Tremblade, à Saint-Trojan, au Château et dans le nord de la France. Je
ne dirai pas à quel prix, bien supérieur aux meilleurs crûs des deux Charentes, se vendent ses
eaux-de-vie et ses vins, on ne me croirait pas;
mais moi, qui connais cet habile viticulteur, je
crois ce qu'il m'a dit. Et pourquoi, après tout, ne
le dirais-je pas? Il vend aujourd'hui son eau-
de-vie quatre cents francs la barrique et son vin
quatre cent quatre-vingts francs le tonneau. Criez
tant que vous voudrez, le fait est là. Ce sont des
négocians et des propriétaires principalement de
la Marne, de la Haute-Marne et du Pas-de-Calais,
qui les achètent. Ecoutez une chose plus surpre-
nante encore : M. Dières a acheté 30 hectares
de sables, TRENTE HECTARES ! entendez bien, c'est-
à-dire quatre-vingt-dix journaux environ, pour
la somme de quatre cent cinquante francs. Ces
trente hectares lui ont rapporté cette année
13,225 francs, produit de la vente des vins et eaux-
de-vie. Songez qu'il y a quelques années ces sables
étaient réputés infertiles et que personne n'en vou-
lait. M. Dières a su en tirer parti. Son vin et son
eau-de-vie n'ont point le goût de ceux de l'ile d'O-
léron, car il ne fume pas ses terres avec du va-
rech ou du *sart*, et il a des vignes superbes. C'est
incroyable, inimaginable, n'est-ce pas? Allez-y
donc, et vous croirez.

M. Dières mérite qu'on s'intéresse à ses efforts.
Il est digne de réussir et il réussira. Si vous ne sa-

vez pas qu'il est le neveu de M. Dières le saint,
qui est mort à Saintes après avoir donné pendant
quarante ans l'exemple de toutes les vertus chré-
tiennes poussées jusqu'au sublime, je me fais un
plaisir de vous l'apprendre.

———

Samedi, 8 août.

Nous allons tous les jours prendre des bains à
la côte. Nous suivons les pêcheurs de sourdons et
de palourdes. Armés d'un petit râteau à dents de
fer, ils grattent le sable à marée basse et en font
sortir les coquillages très nombreux sur cette côte.
En se baignant on n'a qu'à enfoncer la main dans
le sable, on retirera des sourdons. Les moules
sont plus loin, sur le banc de La Ronce. Les huîtres ont été ôtées de presque tous les viviers. Elles
étaient mangées par un poisson inconnu qui brise
leurs écailles. Des marins assurent que ce sont des
marsouins. Ces poissons sont très nombreux et
très gros dans ces parages. En allant à Saint-Trojan avec MM. Dières, nous en avons vu un grand
nombre, à peu de distance du canot, qui bondis-
saient au-dessus de l'eau et faisaient la cabriole. Il
y en avait de deux et trois mètres de longueur.

Aujourd'hui, je fais une promenade en mer avec
le jeune Dières, qui ne le cède pas à certains jeunes gens que je connais dans l'amour du canotage.
Son embarcation doit bien filer avec une bonne
brise, mais nous n'avons eu que quelques souffles
d'air pendant mon séjour à La Tremblade. Un de
mes grands plaisirs eût été de faire une excursion
dans le *Satanique* de M. Comte ou dans la *Co-
lombe* de M. Perry, et de visiter toute la côte, le
Chapus, Fouras, le fort d'Enette, l'île d'Aix, le
fort Boyard, la tour de Chassiron.

Je vais au Cercle de La Tremblade, où je trouve
l'*Opinion nationale*, le *Constitutionnel*, la *Gazette
de France*, la *Revue des deux Mondes*, le *Monde
illustré*, la *Gazette des eaux*, où écrit M. le doc-
teur Brochard, qui a abandonné Nogent-le-Rotrou
pour venir se fixer à La Tremblade, et l'*Indépendant*, auquel le Cercle est abonné depuis nombre
d'années. J'y fais connaissance avec quelques habitués ; je vais voir à son domicile M. Brochard,

arrivé de la veille, et qui s'occupe d'un nouvel ouvrage sur les bains de mer ; M. Bargeaud, le maire ; M. Pougnard, le juge de paix, etc. Tout le monde à La Tremblade est abonné à l'*Indépendant*, de sorte que j'y trouve partout des amis inconnus la veille.

Dimanche, 9 août.

J'ai vu la population à l'église et au temple. Il y avait à peu près autant de fidèles des deux côtés, mais plus de silence et de recueillement au temple. M. Bargeaud, maire, a remplacé le ministre et a fait la lecture. Des femmes ont chanté des cantiques par intervalles. A la sortie, les jeunes filles, protestantes ou catholiques, ne parlaient que de danses et de bal. C'était frairie à Arvert. Une partie de la jeunesse s'est rendue dans ce bourg, l'autre à l'*Ermitage*, qui est un des chalets de la plage, et l'on a dansé tout le reste du jour.

Ce soir, inauguration du Casino. Ce sont deux salons au rez-de-chaussée dans la maison où est le Cercle. Il y avait une trentaine de personnes. Les dames de La Tremblade auraient pu mieux répondre à l'appel de M. Bargeaud, dont le zèle et l'activité pour la prospérité de sa ville sont au-dessus de tout éloge. On a dansé au piano et l'on s'en est allé à onze heures.

Je me suis dirigé vers un bal public où l'on m'avait dit que je verrais quelque chose de plus curieux et de plus nouveau pour moi. Les jolies écaillères étaient là, coiffées les unes en cheveux, les autres en foulard tombant sur les épaules, quelques-unes en petit bonnet. Des dames vinrent après moi. Personne ne parut faire attention à nous, ni ne nous regarda de travers comme il arriverait dans les bals d'ouvriers de plus d'une ville. Il y avait là de charmans types de femmes, des tailles minces et gracieuses, des attitudes de reine, des yeux magnifiques. Quant aux dents, toutes les femmes, à La Tremblade, jeunes ou vieilles, les ont blanches, petites, bien rangées, admirables. Rien de plus joli, de mieux meublé, de plus riant et de plus agaçant, que ces bouches trembladaises. Les femmes doivent sans doute cette richesse et cet éclat à l'air salin et salubre qu'elles respirent. Mais comment peindre l'impétuosité ou plutôt la furie de leur danse! Elles s'élancent avec leur cavalier; en trois sauts, elles sont au bout de la salle Méchin, pas mal grande pourtant. Elles s'enlèvent, elles tournent avec une rapidité vertigineuse; c'est un tourbillon, une tempête. Il faut les voir danser le *Pied qui remue*. Quelle légèreté, quelle force musculaire, quels ressorts d'acier! En même temps, c'est un flux de paroles, des éclats de rire étourdissans, une gaieté, un entrain incomparable.

A la bonne heure, voilà qui s'appelle danser!

Les Trembladaises ont, en général, la taille un peu courte. Elles sont petites et larges des épaules. Quelques-unes, cependant, au bal Méchin, étaient plus grandes, avaient la taille plus élancée et se cambraient en arrière dans une fière attitude.

Un de mes voisins disait, en montrant une petite fille qui avait l'air d'avoir quinze ans, et qui était toute mignonne : — C'est M..., *elle a le diable à la botte.*

Un autre disait : — Il n'y a pas une de ces filles qui ne vaincrait trois hommes à la danse; elles sont infatigables. — Sont-elles sages? lui dis-je. — Il fit une moue accompagnée d'un sourire.

Elles ont, les dimanches et jours de fête, de jolies toilettes sur des crinolines, de gracieux bonnets ou des foulards coquets, des bottines aux pieds ou de petits souliers découverts à talon haut. Les autres jours vous trouverez dans les marais salans, ou à la pêche des sourdons, ou dans les viviers, des femmes mal vêtues avec de grossiers jupons retroussés jusqu'au genou; vous ne les reconnaissez plus : ce sont les mêmes pourtant que vous avez vues au bal.

Elles causent facilement avec les étrangers, sans timidité comme sans effronterie. Elles répondent aux questions avec politesse, sans cet air de méfiance, de quasi-hostilité, qu'on trouve dans d'autres pays.

Je leur ai parlé plus d'une fois lorsqu'elles pêchaient à marée basse. Elles m'ont toujours donné toutes les explications que je voulais sur leurs tra-

vaux, leur commerce, leurs émigrations lointaines.
Demandez-leur de faire voir leurs dents blanches
et serrées, elles ouvrent les lèvres en riant. En
voici une qui hésite ou qui veut se faire prier : —
Est-elle sotte ! dit sa mère ; montre donc tes dents
puisqu'on te le demande. Et elle les montre aussitôt. La mère, quoique âgée, ne les avait pas moins
belles. Ce sont de bonnes filles après tout. Si elles
sont un peu légères et raffolent de plaisirs et de
toilette, il faut leur pardonner, c'est le pays qui
veut cela — et aussi leur vie aventureuse.

Marennes, lundi, 10 août.

Nous quittons La Tremblade à midi pour aller à Marennes. On me dit qu'il faut prendre la voiture du père Roy, qui conduit les voyageurs à La Grève, c'est-à-dire au bord de la Seudre, où arrive le canal de l'Atelier.

Comment peindre la voiture du père Roy ? C'est un carrosse antédiluvien, dont l'origine est inconnue ; les raies sont sorties des jantes ; la couleur de la peinture n'a de nom dans aucune langue. Tout disjoint, détraqué, disloqué, ce respectable véhicule fait peine à voir. Le tablier de cuir que le père Roy met sur ses genoux est déchiqueté, dépenaillé, composé de mille lambeaux retenus avec de la ficelle. Les bagages chargés sur l'impériale. :

— A présent, dit le père Roy, il faut que je mette ma bâche.

Sa bâche, réduite à la moitié de l'impériale, est, comme le tablier, recousue, rafistolée avec de la ficelle ; chaque morceau est grand comme la main. Nous montons ; le père Roy va au pas.

— Est-ce que nous n'allons pas plus vite que ça ?

— C'est à cause du pavé qui est mauvais, dit le père Roy. Vous comprenez !

Je comprends, en effet, que, lancée au trot sur ces cailloux inégaux, la voiture tomberait en mille morceaux.

— Soyez tranquille, reprend le père Roy, nous allons joliment trotter tout à l'heure.

Sortis de la ville, il allonge un coup de fouet à sa bête. Le cheval, aussi vieux que la voiture, avec un ventre énorme, des jambes enflées, une tête de phoque, s'enlève lourdement et trottine sous lui. Nous allons à peu près à l'allure d'un bon marcheur. Nous arrivons à la Seudre. Le père Roy demande 50 centimes par personne. Je ne m'étonne plus de la voiture et du cheval. C'est

pour cette modique somme qu'il fait chaque jour
ses quatre ou cinq kilomètres ; et souvent il n'a
personne. Mais, comme il espère ramener quelques voyageurs de Marennes, il va à La Grève ;
et, s'il n'y a personne de l'autre côté, il retourne
à vide. Pauvre père Roy ! Il est vieux ; il est aussi
dépenaillé que sa voiture. C'est bien le plus à
plaindre, le plus malheureux des cochers de
France et de Navarre.

A La Grève, on monte dans une chaloupe qui
vous conduit de l'autre côté, à voile ou à rames,
selon le temps. On paie 30 centimes par place.
On débarque à la Cayenne, auprès du canal de
Marennes. A peine sommes-nous à terre, la voiture de Marennes arrive ; elle a trois ou quatre
voyageurs qui s'embarquent aussitôt dans la chaloupe que nous venons de laisser. Bonne aubaine
pour le père Roy !

Pendant que je regarde la mer, le canal, la
Cayenne, l'île d'Oléron et le fort du Chapus, le
conducteur de Marennes, tout debout sur son impériale, m'appelle :

— Eh ! Monsieur, qui va m'aider à monter vos
bagages ?

— Quoi ! vous n'avez donc personne ?

— Non !

— Et comment feriez-vous si ces dames étaient
seules ?

— Je n'en sais rien.

— C'est drôle.

— Avec ça que vous en avez peu de bagages :
deux malles, deux chapelières, un carton à cha-
peau, cinq colis ; où voulez-vous que je place tout
cela ?

— Il faut les laisser là, vous viendrez les chercher un autre jour.

Il me regarde d'un air singulier pour voir si je
me moque de lui.

— Et ces marins, dit-il, qui sont repartis tout
de suite ; c'est fait exprès, il n'y a personne ici
aujourd'hui.

Pendant ce colloque, un douanier et un autre
individu, appartenant à je ne sais quelle administration, se promenaient mélancoliquement auprès

de la voiture et nous regardaient sans mot dire.

— Si vous aviez seulement une corde, dis-je au conducteur, vous me donneriez un bout que j'attacherais aux poignées des malles ; vous tireriez de l'autre, je pousserais de mon côté, et nous les hisserions.

— Mais je n'en ai pas !

— Le père Roy en avait une, vous devriez en avoir aussi.

— Quand vous répéteriez cela cent fois. Je vous dis que je n'en ai pas !

— C'est juste. Allons, je vais vous aider.

Je prends les malles par un bout et je les tends au-dessus de ma tête à l'automédon qui les saisit de l'autre. Alors le douanier philosophe daigne me donner un petit coup de main sans qu'on l'en ait prié. Les effets sont chargés, nous partons. La voiture est un peu moins vieille que celle du père Roy ; le cheval péchard n'a pas le ventre aussi gros que celui du père Roy, mais il est maigre, efflanqué et boiteux d'une jambe de derrière. Il trottine en titubant et en secouant la tête d'un air mécontent. Nous suivons le canal, nous ne voyons à droite et à gauche que des marais salans avec leurs millions de petits tas de sel, et nous arrivons cahin-caha dans la cité de M. de Chasseloup-Laubat. Nous payons encore 50 centimes pour 6 kilomètres ; total, 1 franc 50 centimes de La Tremblade à Marennes.

Qui donc a dit que Marennes n'était pas une jolie ville ? C'est la plus propre, la plus blanche, la plus coquette, que j'aie jamais vue. Presque toutes ses rues sont droites, larges. Toutes sont bien pavées avec de belles pierres blanches, très douces au pied. Si La Tremblade a ses liserons et ses giroflées, Marennes a son réséda qui tapisse le pied des façades devant toutes les maisons et envoie son parfum aux passans. Ses places, plantées d'arbres, sont charmantes et parfaitement entretenues. L'église, avec sa belle flèche, est complètement isolée et entourée de promenades. Une nouvelle place avec des allées convergeant vers une pelouse ronde vient d'être plantée à la droite du clocher. Tout cela n'est pas à dédaigner. Sans

doute on ne trouve personne dans les rues, La Tremblade même est plus animée; le soir, on n'y voit
goutte, car il n'y a pas d'éclairage d'été; mais, que
voulez-vous? Trois mille habitans ne peuvent faire
beaucoup de bruit, et ils sont mieux chez eux que
dehors par ces jours caniculaires, d'autant plus
qu'ils ont tous de jolis jardins attenant à leurs
maisons.

La campagne de Marennes n'est pas nue et sans
arbres, comme je me le figurais. Entre la route de
Rochefort et la mer, on trouve des chemins, des
sentiers, ombragés par des ormes. A deux kilomètres de la ville est un domaine magnifique, la
Gataudière, appartenant à M. de Chasseloup-
Laubat, ministre de la marine. Le château, d'un
bon style, ne manque pas de grandeur et de ma-
jesté. La façade du côté de la terrasse, surtout, est
ornée sobrement, mais avec goût. L'intérieur est
négligé, un peu délabré, comme les maisons qu'on
n'habite pas; car M. de Chasseloup vient rarement
à la Gataudière et n'y reçoit personne. Autour du
château est un beau parc avec de vastes pelouses,
des massifs, des allées pleines de lilas et de cyti-
ses, des charmilles, des bois de chêne, de grands
ormeaux répandant l'ombre et la fraîcheur. Les
portes en sont ouvertes généreusement à tous, ou
plutôt il n'y a pas de portes; on entre là comme
chez soi; le concierge vous salue s'il vous rencontre. Vous pouvez aller partout, vous coucher et
dormir sur l'herbe si vous en avez envie, personne
ne vous en empêchera.

C'est ainsi que j'aime et que je comprends les
grandes demeures que leurs possesseurs ne peuvent animer ni vivifier eux-mêmes. En inter-
dire l'accès au public, c'est les condamner à
la solitude, à la tristesse, à l'envahissement des
herbes parasites, aux moisissures qui verdissent
les pavés et les allées. Il faut de la circulation dans
les grands parcs pour leur donner le mouvement
et la vie. Les habitans de Marennes auraient là
une promenade charmante les soirs d'été, mais il
y va peu de monde, m'a-t-on dit. Les uns préfè-
rent rester dans leurs jardins, les autres prennent

l'air, assis dans la rue, sur le seuil de leurs portes, au milieu des résédas.

Nous sommes descendus à Marennes chez d'excellens parens et amis qui nous ont reçus avec une grâce, une cordialité, une sympathie affectueuse, que le cœur seul sait trouver, et qui ne croient jamais avoir assez fait lorsqu'ils nous ont comblés de soins et de prévenances. Comment ne pas trouver tout charmant lorsqu'on habite chez des amis si aimables! J'aimerais Marennes rien qu'à cause d'eux.

C'est avec eux que nous avons fait, un soir, une visite à la Gataudière. Le jour touchait à sa fin, les grandes ombres tombaient des arbres sur la terre; les allées, se prolongeant et se perdant dans l'obscurité, étaient pleines de mystère. Mon imagination ajoutait encore au prestige de l'inconnu, et je me figurais des lointains, des perspectives, une foule de choses que je ne pouvais voir et que je me promettais de contempler en plein jour. Le château élevait en l'air sa masse imposante; on n'en voyait que l'ensemble et les contours, les détails échappaient à la vue, et je le regardais avec une sorte de respect mêlé d'admiration.

Le lendemain, je revis toutes ces choses en plein soleil. Le jour avait chassé l'illusion et la Gataudière m'a paru ce qu'elle est réellement, une belle habitation, un parc agréable, mais très ordinaire. J'aimerais être resté sous l'impression du premier soir. Les prestiges de l'imagination ne sont-ils pas ce qu'il y a de plus enivrant, et la réalité n'est-elle pas presque toujours un désenchantement? Qui de nous n'a éprouvé bien souvent le charme des prémisses en toutes choses, du vague, de l'indéfini, de l'inconnu, que le désir colore de son prisme et que l'imagination revêt de ses mille séductions?

Une des curiosités de Marennes, c'est de monter dans son clocher. Il ressemble un peu à celui de Saint-Eutrope, de Saintes. Il est moins élevé de la base aux galeries, mais sa flèche est plus menue et plus élancée. On y jouit d'un beau coup d'œil. D'un côté, la mer, l'île d'Oleron, le fort du Chapus, le Château, Fouras, l'île d'Enette, l'île

4

d'Aix, le fort Boyard ; de l'autre, les marais salans, les dunes de La Tremblade, la route de
Saintes, la tour de Brou, la flèche de Moëze. On
verrait Rochefort si cette ville avait un édifice un
peu élevé.

Marennes, mardi, 11 août.

Nous allons voir les bains. Ils sont à quatre ou cinq kilomètres de la ville. On suit la route qui conduit à Bourcefranc et au Chapus. Avant Bourcefranc, on tourne à gauche et on arrive à la plage. Une ou deux voitures conduisent les voyageurs. Elles attendent qu'ils aient pris leur bain, et les ramènent; et puis, c'est tout. Il n'y a qu'un voyage par jour, et encore lorsqu'il y a des voyageurs, car je suppose qu'elles n'y vont pas à vide.

Notre diligence est pleine de dames. Un char à bancs qui nous suit a aussi son contingent d'hommes et de femmes, de sorte que nous nous trouvons une quinzaine de personnes sur la plage. On y voit sept ou huit cabanes en mauvais bouts de planches, fort mal installées, et pas de costumes. Il faut en apporter avec soi. On va dans la mer, on marche, on marche, on fait je ne sais combien de chemin dans l'eau sans en avoir au mollet. On finit par trouver de la boue où les pieds enfoncent. Il faut bien s'arrêter et se baigner dans un pied d'eau. Voilà le bain de Marennes. On me dit que dans les malines la mer va jusqu'au pied des cabanes; on a alors un peu plus d'eau et du sable au lieu de boue, car les sables sont en haut. Tout cela est loin de la plage de La Tremblade et des conches de Royan. Aussi Marennes n'a point la prétention d'avoir des bains de mer. Elle n'en parle pas et ne fait point de réclames dans les journaux. Y va qui veut. Ceux qui ne sont pas contens peuvent n'y pas retourner; mais ils n'ont rien à dire et ne peuvent accuser personne de les avoir trompés.

Le bain pris, nous remontons dans nos deux voitures et nous revenons à Marennes. C'est fini pour la journée, il n'y aura plus d'autres voyages.

12 août.

Départ pour le Château. Nous nous rendons au Chapus, quatre dans un tilbury traîné par *Commodore*. Commodore est le cheval de mon hôte. Il y a six kilomètres de Marennes au Chapus. Le Chapus est une pointe qui s'avance dans la mer ; il y a trois ou quatre maisons, un petit port, une jetée, et, à peu de distance, ce qu'on appelle le fort du Chapus. C'est un fortin qui ne résisterait pas dix minutes au moindre bâtiment de guerre.

Un bateau à vapeur à hélice fait plusieurs voyages par jour entre le Chapus et le Château d'Oleron. Aujourd'hui nous y trouvons des religieuses, des dames, des enfans, des messieurs, venant de La Rochelle, une charrette chargée de barriques, une voiture à quatre roues, un cheval, deux chiens, un perroquet, des bagages à charger dix voitures.

Nous faisons la traversée en vingt-huit minutes, ni plus ni moins. Voici la citadelle du Château. Nous descendons au pied des remparts. La voiture de Saint-Pierre reçoit une partie de nos compagnons de route. Nous irions volontiers visiter l'intérieur de l'ile, mais nous ne pourrions être de retour au Château qu'à sept ou huit heures, et nous ne trouverions plus alors d'embarcation pour retourner au Chapus. Or, il nous faut être à Marennes dans la soirée. Ce voyage sera pour une autre fois. Allons voir la citadelle. Nous passons les premiers ponts-levis sur des fossés qu'on remplit d'eau à volonté. Un chef de poste vient à nous.

— Nous désirons parler au capitaine pour avoir une permission.

Le sous-officier appelle un soldat et lui dit :

— Conduisez ces messieurs et ces dames au capitaine ; *allons, et lestement.*

Le capitaine nous reçoit très civilement et nous donne un soldat pour nous conduire. La citadelle

du Château est vaste et capable de soutenir un
siège. Du haut des remparts, très élevés et baignés
par la mer, on voit distinctement Fouras et l'embouchure de la Charente, le fort d'Enette, l'île
d'Aix, toute blanche, et le fort Boyard qui se pré-
sente comme un carré noir au-dessus de l'eau.

C'est au Château qu'on envoie les disciplinés.
On devrait dire les *indisciplinés*, car ce sont les
mauvais soldats que les punitions ne corrigent pas.
Ils travaillent à des terrassemens et sont menés
rudement. Ceux qui ont été condamnés pour des
crimes sont envoyés à Cayenne. Un bâtiment de
l'Etat vient les prendre et les emmène.

La ville du Château est entourée de murs comme
Rochefort. Ses remparts sont plantés d'ormeaux
qui lui font une ceinture de verdure. Les rues
sont droites, larges et bien pavées. Une seule
est étroite, et c'est dans celle-là qu'habitent tous
les marchands et que se fait toute la circulation.

La grande chaleur nous engage à nous asseoir
sous les arbres des remparts. Nous oublions l'heure
en causant. Lorsque nous arrivons au port, le bateau à vapeur est parti depuis longtemps. Nous
prenons une embarcation à voiles et nous arrivons
au Chapus en trente-quatre minutes. En route,
nous nous croisons avec le bateau à vapeur qui
retourne au Château. Cette traversée en canot est
bien plus agréable quand la mer est belle, mais il
ne faut pas s'y fier dans les tempêtes. Plus d'un
sinistre a eu lieu dans ce court trajet; plusieurs
personnes y ont péri, avant l'établissement du
bateau à vapeur. On raconte encore la terrible
catastrophe qui engloutit M. de Vallée, membre
du conseil général, et M. Vandermarcq, conseiller
d'arrondissement, ainsi que le bâtiment qui les
portait.

Brouage, 13 août.

Brouage est à six kilomètres de Marennes, sur la route de Rochefort. Départ à huit heures du matin. Nous traversons des marais salans; nous passons auprès de Hiers, village pittoresquement situé. Nous arrivons à Brouage à huit heures et demie. La route fait mille détours au milieu des marais d'où s'exhalent parfois des miasmes fétides et pénètre dans Brouage par des portes aux voûtes basses et profondes.

Me voilà donc dans cette ville forte, dans cette place de guerre de Louis XIII et de Louis XIV, que je désirais voir depuis si longtemps! Elle avait autrefois six mille habitans, une garnison nombreuse, et de puissans seigneurs de la cour en sollicitaient le commandement. Il y avait des gouverneurs des *ville et pays de Brouage*. Elle a soutenu des siéges terribles; elle a été démantelée, ses remparts ont été rasés et reconstruits; c'était enfin une place importante qui a joué son rôle dans l'histoire.

Elle a aujourd'hui deux cents habitans et quarante hommes de garnison pour garder les poudrières. Les rues sont tirées au cordeau; une seule est habitée, celle où passe la route de Rochefort. Encore les maisons qui la bordent ont l'apparence des plus pauvres de nos villages; toutes les autres rues sont abandonnées. L'herbe y pousse à un pied de haut au milieu des ronces et des décombres. On y voit des murs de jardin en pierres sèches, des pans de façades avec des portes, des contrevens entiers ou à moitié, les uns fermés, les autres pendant dans le vide. Les arbres poussent au milieu des appartemens et percent le toit; les ronces, les orties, les broussailles de toute espèce, recouvrent des monceaux de ruines. On ne voit pas une âme dans ces rues autrefois si animées. On dirait une de ces villes du désert, mortes depuis longtemps, et dont les débris jonchent le sol.

Vous ne pouvez pas vous faire une idée de ce tableau sans l'avoir vu. J'avais bien entendu dire que Brouage, abandonné de ses habitans, n'était plus qu'une bourgade. Mais j'étais loin de me figurer l'état de désolation et de solitude où elle est tombée. C'est un aspect qui serre le cœur.

Brouage est certainement l'unique ville de ce genre en France. Aussi je la regarde comme la plus curieuse, la plus extraordinaire et même la plus poétique qu'on puisse trouver. Toutes nos cités, grandes ou petites, se ressemblent un peu. Ce sont partout les mêmes rues, les mêmes maisons, les mêmes édifices, en plus ou en moins. Brouage ne ressemble à aucune autre; elle est l'image du passé et du présent; elle vit et elle ne vit plus; c'est un corps dont le cœur bat encore faiblement, et dont tout le reste est mort.

Quand vous arrivez à quelque distance de Brouage, vous voyez des remparts de quarante pieds de haut, tout en pierres de taille, couronnés d'ormeaux magnifiques sur trois et quatre rangs qui leur font un panache de verdure. C'est autrement grand, autrement imposant que les murs de Rochefort. Cette vue donne une haute idée de la ville que vous allez voir.— Vous entrez par une porte basse, profonde, tortueuse, comme celles des vieilles places de guerre; vous traversez ainsi toute l'épaisseur des remparts, vous apercevez d'abord une caserne ruinée sans couverture dont il ne reste que les murs latéraux, les fenêtres et quelques contrevens à moitié pourris. Cette caserne est l'image de Brouage. Vous suivez la route de Rochefort, bordée de chaque côté de chétives maisons, vous rencontrez une église pauvre, misérable, tout à fait en harmonie avec le lieu, un bureau de tabac, un cabaret, et pas une seule boutique de marchand. De chaque côté de cette rue, et la coupant à angle droit, sont les quatre ou cinq autres rues dont j'ai parlé plus haut, ou plutôt les avenues où furent ces rues.

Tout cela est grand comme la partie basse et

agglomérée de la ville de Saintes, depuis la Charente jusqu'à la montée de la Providence, et depuis le Cours jusqu'à la place Blair, et entouré de remparts comme sous Louis XIII.

Pour commencer ma visite, je suivis d'abord jusqu'au bout l'unique rue habitée, et j'arrivai à l'autre porte qui s'ouvre du côté de Rochefort. Je regardais curieusement les habitans, des femmes, des enfans, sur le seuil des portes, m'attendant à trouver des visages hâves, défaits, fiévreux, vu la mauvaise réputation du pays, l'air malsain, les miasmes marécageux, etc., qui l'ont fait abandonner de ses habitans. Je vis des figures, des teints à peu près comme partout. Sortant de la ville, j'arrivai au bord du canal de Brouage ; il y avait un navire arrêté contre le débarcadère, qui tombera dans l'eau un de ces jours si on ne le répare pas bientôt.— Avis à qui de droit.

Un brigadier des douanes regardait. C'était un homme de quarante ans environ, assez gros, avec une bonne figure rougeaude, fleurie et joyeuse. Après l'avoir salué poliment, je lui adressai la parole en ces termes :

— On dit que le pays est malsain, que tout le monde y a la fièvre. Vous ne me paraissez pas malade pourtant.

— Non, Monsieur, répondit le brigadier en riant ; je me porte bien, comme vous voyez ; il y a dix-huit ans que je suis ici, je n'ai jamais été malade.

— Diable ! voilà qui est heureux et je vous en félicite. Mais est-ce qu'il n'y a pas de fiévreux dans la ville ?

— Il peut bien y en avoir quelques-uns dans ce moment, à cause de la canicule, mais c'est peu de chose.

De retour en ville, je suivis le haut des remparts. Je vis la poudrière entourée de murs gardés par des factionnaires. A chaque angle des bastions il y avait autrefois des tourelles avec des jours pour pointer les arquebuses. Il n'en reste plus que deux ou trois, les autres sont détruites. On montre encore sous les talus gazonnés les citernes voûtées qui recevaient l'eau des rues de la ville. Des vaches paissaient tranquillement sur les remparts, sans se soucier de la tour de Brou et de l'aiguille de Moëze qu'on apercevait au loin. Les beaux ormes qui couronnent l'enceinte doivent absorber les miasmes délétères et préserver en partie les habitans. On dit que le commandant de place a le droit de couper, pour sa provision, ceux qui périssent. L'administration devrait veiller à ce qu'on les remplaçât par des jeunes.

J'entre dans l'église. Le pavé est humide et vert. La voûte est en planches, l'autel est nu, sans aucun ornement, pas de tableaux, rien, dénûment, misère, abandon, comme il convient dans une telle ville afin que tout soit en harmonie.

Des inscriptions mortuaires sur des plaques de marbre, dans le chœur et devant les chapelles latérales, m'apprennent que de grands personnages ont été inhumés dans cette pauvre église.

Sous la plaque devant l'autel repose le corps

DE HAUT ET PUISSANT SEIGNEUR,

MARQUIS DE CARNAVALET, GOUVERNEUR

POUR LE ROI DES VILLE

ET PAYS DE BROUAGE

MORT EN 1785

AGÉ

DE 65 ANS.

Une autre inscription dans la chapelle, à gauche, nous apprend que le personnage dont j'ai oublié le nom est mort à *cent ans*.

En sortant, je remarque un bénitier en pierre blanche toute neuve, dans lequel on a mis un plat à soupe en terre contenant l'eau bénite.

Le pays n'était pas malsain autrefois, car la mer venait jusqu'à Brouage. C'est depuis que la mer s'est retirée de cette côte que la contrée marécageuse est devenue pestilentielle et a été abandonnée de ses habitans. On a ensuite peu à peu assaini le pays par des canaux, des marais salans, des plantations; mais il y a encore des eaux stagnantes au bord des chemins et des marais qui exhalent une odeur d'œufs pourris, notamment auprès de Hiers, qui est plus malsain que Brouage.

Il n'y a pas de prêtre à Brouage. Le curé de Hiers vient y dire la messe une ou deux fois par mois, m'a-t-on dit. Hiers est assez près pour qu'il puisse y aller tous les dimanches. Il n'y a pas de médecin, pas de notaire, aucun employé; seulement quelques soldats et douaniers.

J'entre au débit de tabac. La maîtresse de la maison est une femme de trente ans; elle a des enfans. Je lui dis :

— Combien êtes-vous d'habitans ici?

— Deux cents à peine.

— C'est donc vrai. On me l'avait déjà dit. Je ne voulais pas le croire. Vous n'êtes pas malade?

— Non, Monsieur, pas dans ce moment; mais j'ai eu les fièvres, ma petite aussi.

— Mais on n'a pas l'air, ici, plus malade qu'ailleurs, à en juger par les figures.

— Il y a bien tout de même quelques fièvres, un tel, une telle (elle les nomme).

— Avez-vous un médecin ici?

— Non, ce sont ceux de Marennes qui viennent.

— Savez-vous qu'autrefois il y avait cinq à six mille personnes dans votre ville?

— Oui, Monsieur, je l'ai entendu dire. Mais aujourd'hui il n'y a plus rien, pas de commerce, pas d'affaires; sans la garnison et la douane, ce qui reste d'habitans disparaîtrait comme les autres.

— Combien avez-vous de soldats?

— Quarante, je crois. Ils viennent de Rochefort. On les change tous les dix jours.

— Tous les dix jours!

— Oui, Monsieur.

— A cause de l'air?

— Sans doute. Ils n'y sont pas habitués comme nous.

— Et le commandant de la garnison?

— Oh! le commandant est ici depuis dix-huit ans. Il y a sa famille.

— Dix-huit ans, dites-vous! Et il y reste ainsi volontairement?

— Mon Dieu, oui. C'est sa retraite.

En m'en allant, je me disais : Si j'étais l'Empereur, si j'étais seulement l'administration de la guerre, je voudrais faire quelque chose pour cette pauvre ville déchue. Au lieu de quarante hommes de garnison j'en enverrais quatre cents. Je ferais reconstruire ses casernes. J'emploierais les soldats qui ne font rien à déblayer ses rues, à les nettoyer des ronces et des herbes, à entretenir ses remparts où les broussailles et les jets d'ormes poussent partout. Avec des officiers naîtraient des cafés ; les cafés feraient venir la consommation, le commerce, les habitans, etc.

Mais non. Brouage deviendrait alors une ville comme les autres et perdrait toute sa poésie et son originalité. Conservons-la telle qu'elle est, comme une relique des temps écoulés. Conservons surtout ses beaux remparts sans lesquels elle ne serait plus qu'un hideux village, ses portes qu'on parle de détruire parce qu'elles gênent la circulation des voitures ; les barbares ! Détruire ces portes, démanteler ces belles murailles qui ont vu tant de hauts faits et tant d'illustres personnages ! Non, non. Conservons précieusement ces monumens d'un autre âge qui font toute sa gloire à elle, la pauvre abandonnée.

Il est question aussi, dit-on, de redresser la route de Rochefort et de lui ouvrir un passage à travers le rempart, du côté du canal, afin d'éviter le détour qu'elle fait en passant par la porte. Nous espérons qu'on ne commettra pas cet acte de vandalisme.

Mieux vaudrait la faire passer en dehors de la ville, ce serait lui porter le dernier coup, lui enlever ses derniers habitans et ses dernières maisons, en faire une nécropole. Mais au moins on ne la déshonorerait pas. Son enceinte fortifiée est entière, intacte et complète. Y pratiquer une trouée, l'éventrer pour gagner trois minutes peut-être de Rochefort à Marennes, je dis que c'est une chose que des Hurons et des Algonquins ne voudraient pas se permettre. C'est peut-être pour cela qu'on voudra le faire en France.

En tout cas, comme je me défie beaucoup, et pour cause, des administrations et des ingénieurs. j'engage tous les amateurs, tous les touristes, tous

les poètes, tous les rêveurs et tous les philosophes,
à se hâter d'aller voir Brouage pendant qu'il est
temps encore. Qui sait ce qui arrivera d'ici un
an !

Quant à moi, *je marque, d'une pierre blanche*,
le jour heureux où je t'aperçus au milieu des
marais, pauvre ville déchue ! Tu avais une fière
mine, un air crâne et guerrier avec tes hautes et
massives murailles, tes portes basses et trapues,
tes grands ormeaux qui te font une couronne dans
le ciel. Tu es là plantée au milieu de la plaine
unie, au milieu des lagunes et des marécages,
comme un énorme bloc de granit, comme un
monstrueux peulvan. Je te revois dans tous tes
détails, comme si j'étais encore dans ton enceinte.
Je revois tes rues qui n'ont pas de nom, tes
maisons qui n'ont pas de toit, tes fenêtres qui n'ont
pas de croisées ; ici, un lambeau de contrevent,
là, une ardivelle qui pend, et ce pommier qui a le
pied dans un salon et la tête à la croisée !

Adieu ! adieu donc, pauvre chère ville que j'aime
parce que tu es délaissée et malheureuse ! Adieu !
peut-être pour toujours, car qui sait si jamais je
te reverrai !

En roulant ces pensées dans ma tête, pendant
que Commodore trottait sur la route, j'arrivai à
Marennes.

Trois heures après, nous quittions cette ville et
nous partions pour Saintes.

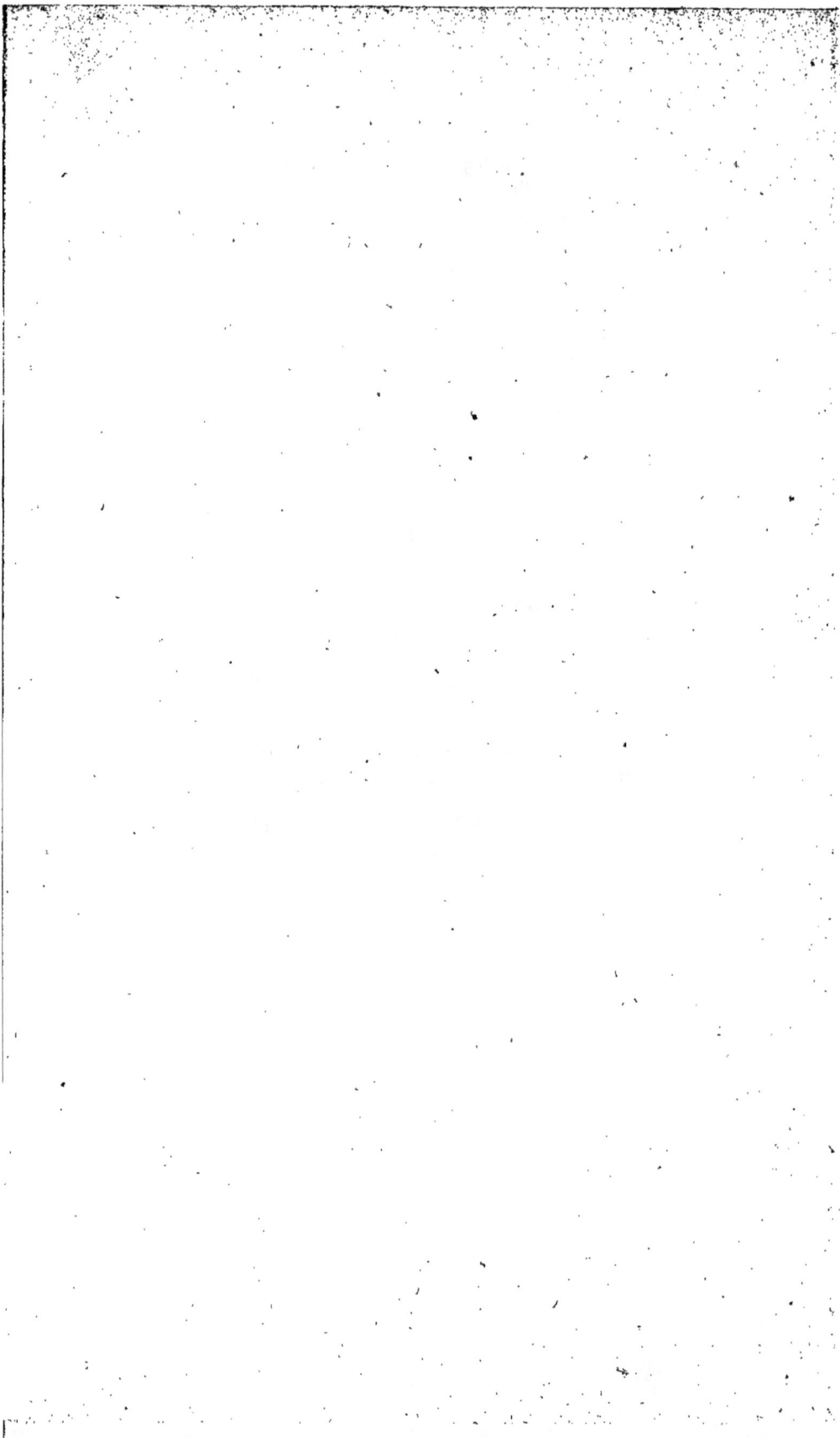

www.ingramcontent.com/pod-product-compliance
Lightning Source LLC
Chambersburg PA
CBHW060501210326
41520CB00015B/4048